这就是天气

强对流

庄婧 著　大橘子 绘

九州出版社
JIUZHOUPRESS

图书在版编目（ＣＩＰ）数据

这就是天气．10，这就是强对流 / 庄婧著；大橘子绘
．— 北京：九州出版社，2021.1
ISBN 978-7-5108-9712-2

Ⅰ．①这… Ⅱ．①庄… ②大… Ⅲ．①天气－普及读
物 Ⅳ．① P44-49

中国版本图书馆 CIP 数据核字（2020）第 207934 号

目录

什么是强对流 4

闪电 6

雷 8

雷电防御 10

对流性大风 12

短时强降雨 14

冰雹 16

冰雹的时空分布 18

冰雹防御 20

飞行嘉宾 22

如何发现强对流 24

东北冷涡 26

西南涡 27

飑线 28

列车效应 29

预警信号 30

词汇表 32

什么是强对流

打雷。

下暴雨。

吹大风。

下冰雹。

闪电

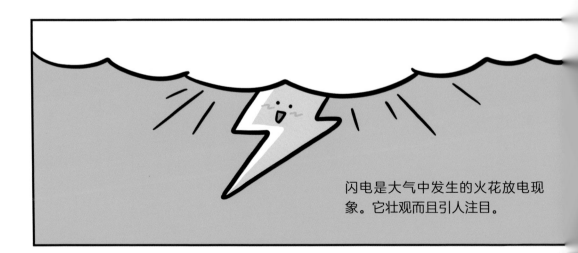

闪电是大气中发生的火花放电现象。它壮观而且引人注目。

按照闪电发生的部位可以分为云内放电、云际放电、云地放电。
云地放电又叫地闪，它只占闪电总数的 1/3~1/6。

闪电对人类的威胁很大，它会摧毁树木、损毁建筑物，甚至造成人员伤亡。

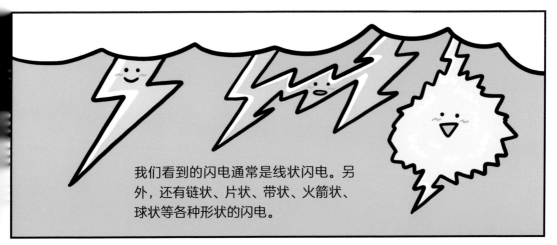

我们看到的闪电通常是线状闪电。另外，还有链状、片状、带状、火箭状、球状等各种形状的闪电。

闪电是个急脾气，一次云地闪电的持续时间只有约0.2秒，但是可以瞬间释放出上千度电的能量。

在委内瑞拉的马拉开波湖和卡塔通博河的交汇处，平均每年出现闪电的次数不小于100万次，平均下来每小时超过100次，成为当之无愧的"闪电之乡"。

雷

雷是伴随闪电出现的。

闪电放电，空气快速加热，水滴会迅速汽化、体积膨胀，产生巨大的轰鸣声。

由于声音传播的速度比光慢，所以通常都是先见到闪电，再听到雷声。

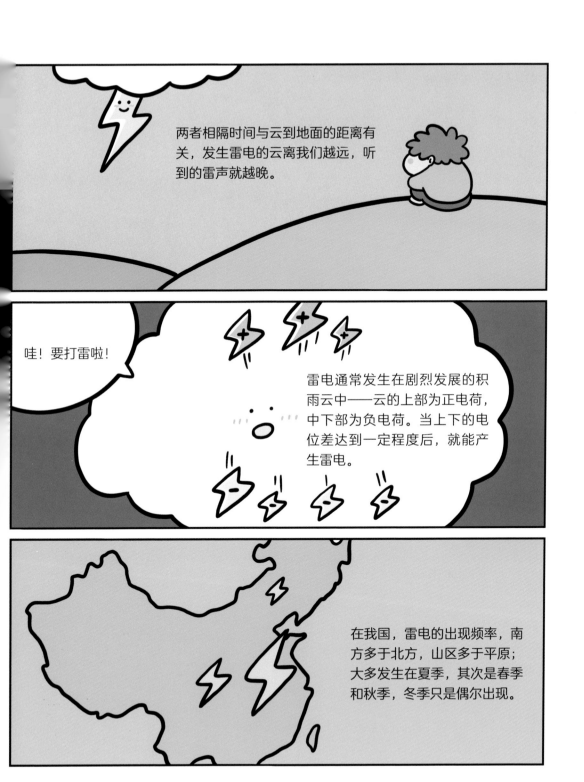

两者相隔时间与云到地面的距离有关，发生雷电的云离我们越远，听到的雷声就越晚。

哇！要打雷啦！

雷电通常发生在剧烈发展的积雨云中——云的上部为正电荷，中下部为负电荷。当上下的电位差达到一定程度后，就能产生雷电。

在我国，雷电的出现频率，南方多于北方，山区多于平原；大多发生在夏季，其次是春季和秋季，冬季只是偶尔出现。

雷电防御

室内防雷

关紧门窗，不要接触天线、水管、铁丝网、金属门窗、建筑物外墙，远离电线等带电设备或其他类似金属装置。

户外防雷

不宜登高。

不要躲在树下。

不要接打电话。

在空旷场地不宜打伞，不宜把金属工具扛在肩上。尽量降低身体的高度。

双脚要尽量靠近，与地面接触越小越好。

如果感觉到毛发竖立，皮肤有轻微的刺痛，这就是雷电快要击中你的征兆。
遇到这种情况，应立即摘去身上所有金属物品，并马上蹲下来，身体向前倾，把手放在膝盖上，曲成一团，千万不要平躺在地上。

对流性大风

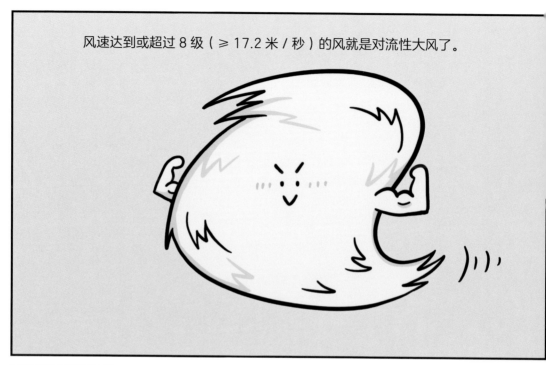

风速达到或超过 8 级（ ≥ 17.2 米 / 秒）的风就是对流性大风了。

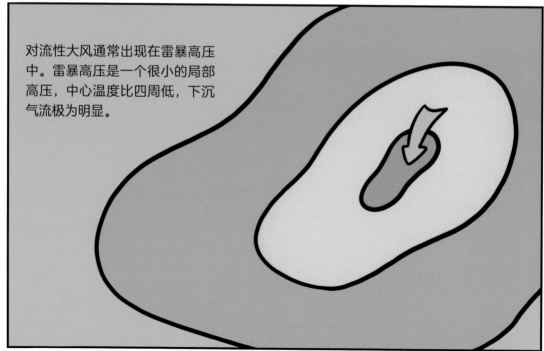

对流性大风通常出现在雷暴高压中。雷暴高压是一个很小的局部高压，中心温度比四周低，下沉气流极为明显。

但在雷暴高压的前部有一个暖区，盛行上升气流。

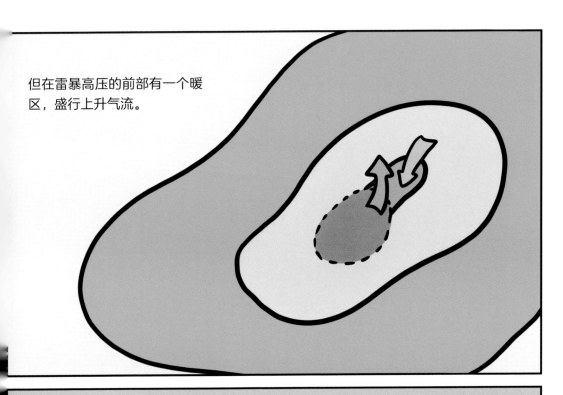

就在这个下沉气流与上升气流之间，存在着一条狭窄的风向突变带，这里更容易产生瞬时大风。

短时强降雨

降雨要出场啦！

降雨在短时间内倾泻而下，1
小时内降雨量达到或超过 20
毫米的就称为短时强降雨。

不着急

如果 20 毫米的降雨量在一天
（24 小时）内不紧不慢地完成，
那这只是一场中雨的量级。

降雨量平均到1个小时内可能只有1毫米左右,感觉像小雨。

但如果这20毫米的降雨在1小时内集中完成,感觉就像40瓶矿泉水同时向你浇下。

短时强降雨一般持续时间不长,但事发突然,往往让人措手不及。

华南前汛期期间(4~6月),短时强降雨非常普遍。极端的情况下,甚至会出现小时降雨量超过100毫米的情况。

冰雹

冰雹是一种固态降水，
通常以球状、锥状或其
他不规则的形状出现。

冰雹的大小差异很大。最普
遍的是像豆粒般，直径小于
3 厘米的冰雹。个别罕见的
大冰雹直径会超过10厘米。

冰雹越大，下落的速度
和破坏力就越大。冰雹
和雨、雪一样，都是从
云里掉下来的。但是只
有发展得特别旺盛的积
雨云才可能降下冰雹。

云中有许多大大小小的水滴和冰晶，不断合并冻结成较大的冰粒，成为冰雹核心。

冰雹的核心在气流的带领下不断上升，逐渐与过冷水滴、冰晶、雪花碰撞并长大。

等到气流托不住它的时候就会开始下落，然后遇到下一股更强的气流再上升，重复之前的生长过程。
最终便会从云中掉下来，成为我们看到的冰雹。

有的冰雹落到地面之后，在风的作用下还会翻滚、碰撞。这样就能凝聚成一个新的巨大的冰球。

冰雹的时空分布

冰雹有很强的局地性。

持续时间短，一般只有几分钟，也有持续十几分钟的。

一会儿就会停啦！

大多出现在3~10月，下午到傍晚这个时间段最多。

我国除广东、湖南、湖北、福建、江西等省份冰雹较少外，
其他地方基本每年都会有冰雹出现。

北方多于南方，西
部多于中东部。最
多发的地区是青藏
高原。

严重的冰雹天气会砸毁农作
物、损坏建筑，给人类的安
全造成威胁。

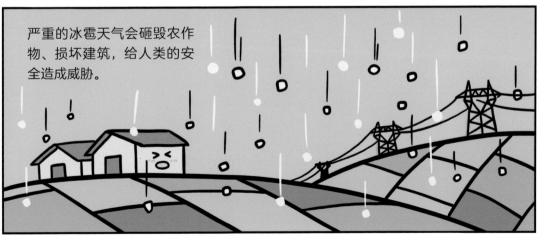

冰雹防御

聪明的人类想到了人工消雹的办法。用火箭、高炮或飞机直接把碘化银、碘化铅等催化剂送到云里去。

让这些物质充当雹胚，这样雹胚的数量就会增多，冰雹变小。

这样，雪块下降时会形成水滴或缩小成小冰雹。

冰雹变成雨了！

当然并不是所有的冰雹都会被消灭在云端。

如果出现冰雹，我们应当赶紧关好门窗，不要随意外出。

如果在户外，要及时躲避到建筑物或坚固的遮挡物下。

飞行嘉宾

说完家族的常规成员，再来说说不定时出现的几个特殊成员。

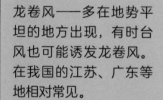

龙卷风——多在地势平坦的地方出现，有时台风也可能诱发龙卷风。在我国的江苏、广东等地相对常见。

尘卷风——局地辐射加热不均匀而形成的旋转式尘柱。主要出现在春夏午后晴天少云、高温、低湿、风速小的条件下。

尘卷风一般可以持续1~4分钟，长的时候可以达到十几分钟。在我国新疆、内蒙古、甘肃等地区最容易出现。

下击暴流——危害航空安全的隐形杀手。

它来源于雷暴云中快速下冲的强烈气流，到达地面后会产生一股直线形大风。这就类似于一个从天而降的气流炸弹，越接近地面风速会越大。

通常能达到 18 米 / 秒以上，最大的可以超过 45 米 / 秒，相当于强台风的级别了。
它的发生可以说是爆发式的，非常突然而且短暂，局地性很强。

飞机起飞和着陆的时候如果遇到强烈的下击暴流，就有坠毁的风险。如果发生在水面上，还有可能掀翻船只。

如何发现强对流

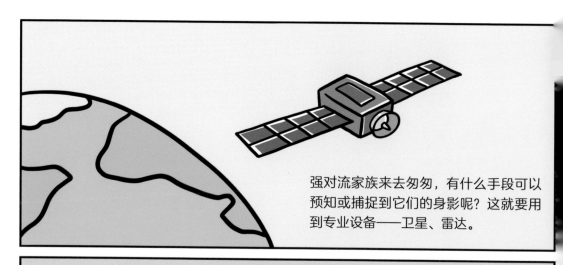

强对流家族来去匆匆，有什么手段可以预知或捕捉到它们的身影呢？这就要用到专业设备——卫星、雷达。

卫星相当于空中照相机，从上帝视角观察云层，来识别正在发生的天气。卫星图上弧状云的出现与对流天气有很好的对应关系。它在可见光和红外云图上呈现浓白色。

有时几个小的云团会组成一个对流云簇，像一堆爆米花。根据它们的传播方向和速度，可以预测接下来对流将要到达的地方。

它们向东边移动啦！

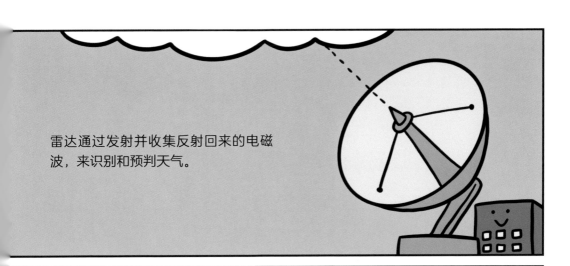

雷达通过发射并收集反射回来的电磁波，来识别和预判天气。

一句话就可以总结雷达回波图的判定原理——色彩越鲜艳、天气越危险。

当有红色甚至紫色的回波出现时，就更容易遭遇短时强降雨、雷暴大风甚至冰雹等强对流天气。

当遇到钩状回波时，还有遭遇龙卷风的可能。如果你所处的位置在回波移动方向的下游时，接下来强对流天气就有可能影响到你所在的区域。

东北冷涡

一些特殊的天气系统会容易诱发强对流天气。

5~6 月份，会有涡旋活跃在东北上空。这些涡旋是冷性的低压系统，叫作东北冷涡。它能够维持3~4 天或是更长的时间。

东北冷涡是天气系统里的变脸大师，可以给东北、华北带来雷雨大风、冰雹等。但在冷涡的后部，则是晴好天气，蓝天通透，白云朵朵。

西南涡

同样的 5~6 月份，西南地区上空也会有低涡系统生成，叫西南涡。

它移动过程中，所到之处经历暴雨甚至大暴雨。

东移到黄淮、江淮等地还有可能诱发气旋，伴随有大风、短时强降雨等激烈的天气。

飑线

飑线是由许多雷暴单体侧向排列形成的强天气对流带，范围很窄，生命期较短。

所到之处，天气骤变。风向急转，风速剧增，气压陡升，气温骤降。常激发雷电、大风、冰雹甚至龙卷风。

多发生于春夏之交。热带地区，台风前沿也常有飑线系统。

雷达也可以捕捉到飑线系统，回波上显示为长达数百千米的窄带状。移速较快，可达 60 千米 ~70 千米 / 小时以上，大致相当于汽车行驶速度。

列车效应

对流降水是由对流云带来的，每一朵对流云（被称为对流单体）都会产生短时强降水。

那如果是排列成串的对流云会产生什么效果呢？

当多个对流云团依次经过某一地区的上空时，所产生的降水就会不断累加。就像列车的不同车厢先后经过同一铁轨一样。这就是降水列车效应。

短时强降水不一定形成暴雨，但在列车效应下的短时强降水往往会形成暴雨，甚至特大暴雨。

预警信号

针对变幻莫测的强对流天气，我们也会发布系列预警。因为强对流天气有多种情况，所以预警的涵盖范围也非常广。

其中雷雨大风预警信号分四级，由弱到强分别以蓝色、黄色、橙色、红色表示。

这个时候做好防风、防雷电的准备。

尽量减少外出，确保留在最安全的地方。

高空、水上等户外作业人员停止作业，危险地带人员撤离。加固港口设施，防止船只走锚和碰撞。

冰雹预警信号分两级，由弱到强分别以橙色、红色表示。

由于强对流发生时局地性、随机性很强，所以到了强对流天气多发的季节，大家一定要多关注气象局官方发布的各类预警信号。
预警信息通过电视、短信、微博、微信等平台都可以获取。

词汇表

闪电：大气中发生的火花放电现象。

雷：伴随闪电的声音。

雷暴高压：位于成熟阶段雷暴下方的冷性中高压。

冰雹：坚硬的球状、锥状或形状不规则的固态降水。

龙卷风：从积雨云中伸下的猛烈旋转的漏斗状云柱。

尘卷风：由于局地增热不均匀而形成的旋转式尘柱。

下击暴流：一股在地面或地面附近引起辐散型灾害性大风的强烈下沉气流。

东北冷涡：活动于我国东北地区或其附近的高空大型冷性涡旋。

西南涡：西南低涡的简称，在西藏高原及西南地区特殊地形和一定环流共同作用下，产生于我国西南地区低空的一种浅薄低涡。

飑线：由许多雷暴单体排列呈带状的强天气对流带。